Jean Henri Tsogo Awona

Envolvimento de comunidades locais/indígenas em projetos de REDD+

Jean Henri Tsogo Awona

Envolvimento de comunidades locais/indígenas em projetos de REDD+

Caso dos projetos PES Nomédjoh, Nkolényeng e Ngoyla (Etékéssang)

ScienciaScripts

Imprint

Any brand names and product names mentioned in this book are subject to trademark, brand or patent protection and are trademarks or registered trademarks of their respective holders. The use of brand names, product names, common names, trade names, product descriptions etc. even without a particular marking in this work is in no way to be construed to mean that such names may be regarded as unrestricted in respect of trademark and brand protection legislation and could thus be used by anyone.

Cover image: www.ingimage.com

This book is a translation from the original published under ISBN 978-620-3-42462-1.

Publisher:
Sciencia Scripts
is a trademark of
Dodo Books Indian Ocean Ltd., member of the OmniScriptum S.R.L Publishing group
str. A.Russo 15, of. 61, Chisinau-2068, Republic of Moldova Europe
Printed at: see last page
ISBN: 978-620-4-10787-5

Título: Envolvimento das comunidades locais e indígenas na implementação dos projetos de Pagamento por Serviços Ambientais de Nomédjoh, Nkolenyeng e Ngoyla nos Camarões: Que lições para a implementação de projetos REDD+?

Autor

Jean Henri TSOGO AWONA1

[1] Camaronês, originário do distrito de Okola, no Departamento de Lekié, Região Centro. Nascido a 13 de Agosto de 1993 na Ekom I no Departamento de Mefou e Afamba. Ele fez os seus estudos primários e secundários na escola pública do Grupo I de Okola e na Escola Secundária de Okola. É Mestre II em Desenvolvimento e Gestão de Recursos Naturais obtido no CRESA Forêt-Bois da Faculdade de Agronomia da Universidade de Dschang, nos Camarões. Desde 2017, ele trabalha para a organização da sociedade civil camaronesa Green Development Advocates (GDA), onde concentra seu trabalho em pesquisa, defesa da conservação da biodiversidade e sensibilidade climática na implementação de grandes projetos, na luta contra a conversão das florestas em agroindústrias e no acompanhamento das comunidades na melhoria de seus meios de vida.

PREÂMBULO

Este estudo foi realizado entre julho de 2017 e julho de 2018, como parte de minha tese de mestrado II no CRESA Forêt-Bois, Faculdade de Agronomia e Ciências Agrárias, Universidade de Dschang, Camarões.

DEDICAÇÃO

Ao meu falecido pai AWONA Germain

À minha mãe ALIMA Gertrudes.

AGRADECIMENTOS

Gostaríamos de expressar a nossa gratidão a :

➢ Estamos gratos aos nossos supervisores Prof. AMOUGOU Joseph Armathé e Dr. HIOL HIOL François pelo seu encorajamento, sugestões e especialmente pela sua paciência em levar este trabalho a bom termo;

➢ Gostaríamos também de agradecer ao Sr. Samuel Nnah Ndobe que prestou assistência técnica e experiência de campo ao longo de todo este trabalho.

➢ Para todo o pessoal docente e não docente da CRESA forêt-Bois a sua disponibilidade, experiência e conselhos têm sido um grande apoio para nós;

➢ Estamos também gratos ao Green Development Advocate e a todo o seu pessoal, especialmente Aristide CHACGOM, Melvis, Nkuelle e Papa Zacharie;

➢ A toda a família AWONA;

➢ Ao Sr. e à Sra. AMOUGOU pela sua orientação,

➢ A todos os meus camaradas da 19ª promoção do CRESA Forêt-Bois, especialmente os do AGRN, e a todos aqueles que sempre tiveram as palavras certas para nos encorajar.

SÍNTESE

LISTA DE NÚMEROS

LISTA DE TABELAS

LISTA DE ABREVIATURAS

AP :Acordo de Paris

APV: Acordo de Parceria Voluntário

BAfD: Banco Africano de Desenvolvimento

BDCPC:Programa de Conservação do Desenvolvimento da Biodiversidade dos Recursos Naturais

WB: Banco Mundial

CBFP:Parceria para a Floresta da Bacia do Congo

CCB:Climate Communuty e Biodiversidade

UNFCCC:Convenção-Quadro das Nações Unidas sobre as Alterações Climáticas NDC:Contribuição Determinada nacionalmente

COP: Conferência das Partes

CFP:Plataforma Comunitária e Florestal

CIFOR:Centro de Pesquisa Florestal Internacional

FPIC: Consentimento livre, prévio e informado

COMIFAC: Comissão para as Florestas da África Central

COP: Conferência das Partes

CRESA: Centro Regional de Educação Especializada em Agricultura

UNDRIP: Declaração das Nações Unidas sobre os Direitos dos Povos Indígenas

ER-PIN: Programa de Redução de Emissões Nota de Ideia

FAC: Fórum das Mulheres Indígenas dos Camarões

FCPF: Mecanismo de Parceria para o Carbono Florestal

FODER: Floresta e Desenvolvimento Rural

GDA: Advogado de Desenvolvimento Verde

HCV: Alto Valor de Conservação

IEC: Informação, Educação e Comunicação

MINEPDED: Ministério do Meio Ambiente e da Proteção do

MINFOF: Ministério das Florestas e da Vida Selvagem

MRV: Medição, Monitorização e Verificação Natureza e Desenvolvimento
Sustentável

ONACC: Observatório Nacional de Mudanças Climáticas

NTFP: Produtos florestais não madeireiros

PSA: Pagamentos por Serviços Ambientais

REDD+: Redução de emissões por desmatamento e degradação florestal e
aumento dos estoques de carbono florestal

R-PIN: Nota de Ideia de Plano de Prontidão

R-PP: Proposta de Preparação para a Prontidão

ST-REDD+: Secretariado Técnico

REDD+ WWF : World Wide Fund

ZOA-REDD+: Zona de ótima ação do

REDD+ ZOMO-REDD+: zona de implementação de REDD+.

SÍNTESE

Em sua Proposta de Preparação Pronta (R-PP), o governo dos Camarões fez da Redução de Emissões por Desmatamento e Degradação (REDD+) uma ferramenta de desenvolvimento baseada em um processo participativo e inclusivo. O objetivo deste estudo foi avaliar e analisar as lacunas entre a visão política de REDD+ nos Camarões e a implementação desta visão política no terreno, particularmente o envolvimento das comunidades locais e indígenas. Este trabalho foi baseado em dados secundários de uma revisão de literatura e dados primários de sites de projetos de Pagamento por Serviços Ecosistêmicos (PSA). Para este fim, foi utilizado um questionário para fazer um inquérito aleatório aos agregados familiares. Também foram organizados grupos focais com pessoas de recursos do projecto PES nas diferentes aldeias. Com base na hipótese de que: a lacuna entre a visão política de REDD+ nos Camarões e a implementação desta visão política no terreno é significativa. Ao examinar o envolvimento das comunidades no projeto PES, descobrimos que a estratégia para informar as comunidades estava mais focada nas reuniões plenárias nas diversas chefias das localidades visadas pelo projeto, que as comunidades estavam envolvidas na escolha de atividades geradoras de renda como alternativas ao desmatamento, notadamente agricultura, apicultura, agroflorestação, etc. Nosso estudo nos permitiu identificar algumas lições a serem aprendidas com os projetos PES. A fim de alcançar o sucesso futuro dos projetos de REDD+ nos Camarões, podemos citar: compartilhamento de benefícios em grupos de interesse comunitário, fortalecimento da comunidade, mas também assegurar o território das comunidades, alocando-lhes uma floresta comunitária. Foram feitas recomendações em termos de capacitação, equidade, igualdade e conscientização da comunidade em projetos de REDD+ nos Camarões.

Palavras-chave: Envolvimento, povos indígenas, comunidades locais, projeto PES, REDD+.

INTRODUÇÃO

Camarões é signatário da Convenção-Quadro das Nações Unidas sobre as Alterações Climáticas (UNFCCC). O programa está comprometido com REDD+ desde seu surgimento em nível internacional em 2005 (MINEPDED, 2013). REDD+ é um mecanismo inclusivo e participativo que dá mais privilégios às comunidades dependentes da floresta (Angelsen et al, 2013). Ao aderir a esta lógica, os Camarões mencionam em seu P-PR que REDD+ em seu modus operandi deve absolutamente envolver todos os atores-chave, especialmente os povos indígenas e as comunidades locais. Para tanto, muitas iniciativas destinadas a acompanhar esta visão política de REDD+ têm sido implementadas no campo, particularmente consultas em comunidades sobre a elaboração da Nota de Ideia de Proposta de Prontidão (R-PIN), Preparação da Proposta de Prontidão (R-PP), a estratégia nacional de REDD+, o estudo sobre os vetores do desmatamento e degradação, etc. Também, graças a acordos e convenções internacionais, as organizações da sociedade civil, nomeadamente o Centro para o Ambiente e Desenvolvimento (CED) em 2008 e parceiros técnicos como o World Wide Fund for Nature (WWF) em 2011, implementaram projectos de Pagamentos por Serviços de Ecossistema (PSA) envolvendo comunidades locais e indígenas em Nomédjoh, Nkolenyeng e Ngoyla (Etékessang), respectivamente. Estes projectos visavam a conservação de florestas comunitárias que são um reservatório de alimentos, medicamentos e habitat para as comunidades locais e indígenas. Sabendo que o envolvimento das comunidades locais e indígenas é uma garantia para o sucesso de um projeto REDD+ (Angelsen et al, 2013), esta nota fará uma breve apresentação dos diferentes projetos de PSA, a forma como as comunidades foram envolvidas e as lições que podem ser tiradas da implementação destes projetos.

I. DEFINIÇÃO DE CONCEITOS

Uma revisão da literatura permitiu-nos formular uma definição de alguns conceitos-chave para o trabalho futuro.

Envolvimento

A noção de envolvimento é definida como um processo de participação inclusiva das partes interessadas nas fases do processo, incluindo a sua representatividade e capacidade de influência (Kambire et al, 2015). Este estudo se alinha com esta abordagem e adere à análise mais precisa do R-PP (2013), que vê o envolvimento como uma abordagem que promove a participação inclusiva de todos os atores, assim como a identificação precisa de suas necessidades durante a construção e implementação da estratégia REDD+. Para este estudo, engajamento é sinônimo de participação.

Comunidades locais

Transparency International Cameroon (2017), acredita que a noção de comunidade local é confusa. É confundido com outras noções assimiladas, tais como "comunidade de base", "comunidade de aldeia" e "população local". No setor florestal, é usado para distingui-lo da noção de povo indígena. A questão em torno deste conceito está relacionada com a dinâmica da mistura e cruzamento inter-étnico e do parentesco simbólico. Para este estudo usaremos a definição nas Diretrizes do FPIC que define comunidades locais como "populações que não sejam comunidades indígenas (Baka, Bagyeli, Bakola, Bedzang e Mbororo) cuja terra é coberta no todo ou em parte pela área onde o processo ou iniciativa REDD+ está ocorrendo, seja em um vilarejo, cidade ou vila". Neste estudo de caso, eles são essencialmente compostos por Bantu.

Povos Indígenas

O termo povos indígenas não tem uma definição autorizada no direito internacional, nem está definido na Declaração sobre os Direitos dos Povos Indígenas. Assim, quatro critérios principais definem indígenas, de acordo com as Nações Unidas. Estes incluem:

Continuidade histórica: deve ser possível estabelecer uma continuidade histórica entre os povos indígenas e os habitantes originais de um país ou região antes de ser conquistado ou colonizado.

Diferença cultural: os povos indígenas não sentem que pertencem à cultura da sociedade dominante do país em que vivem. Eles estão determinados a preservar suas características culturais, tradições e organizações sociopolíticas.

O princípio da não-dominância: os povos indígenas estão à margem da sociedade. **Auto-identificação**: refere-se, por um lado, à consciência de um indivíduo de pertencer a um povo indígena e, por outro, à sua aceitação como membro desse povo pelos próprios povos indígenas.

A Convenção (No. 169) da Organização Internacional do Trabalho (OIT) sobre Povos Indígenas e Tribais distingue entre povos tribais e indígenas, e enfatiza a importância da etnicidade. Embora não exista uma definição autorizada, foram identificados critérios para definir os povos indígenas. As principais são étnicas.

Os povos indígenas definidos neste estudo são as comunidades Baka, Bagyeli, Bakola, Bedzang e Mbororo dos Camarões, cujas terras estão total ou parcialmente cobertas pela área em que o processo ou iniciativa REDD+ está ocorrendo, seja em um acampamento, aldeia, cidade ou vila. Este estudo diz respeito aos Baka.

REDD +

REDD+ trata da redução de emissões por desmatamento e degradação, conservação, gestão sustentável e aumento dos estoques de carbono. O objetivo de REDD+ é reduzir as emissões em 2°C (COP 21) ao mesmo tempo em que melhora as condições de vida das comunidades.

projeto PES

Etrillard (2016), define os projetos de PSA como projetos de incentivo que consistem em oferecer remuneração em troca da adoção de práticas favoráveis à preservação do meio ambiente. Para Awono et al (2014), um projeto de PSA é definido como a proteção do recurso florestal, reduzindo a pressão das comunidades e dos migrantes e criando alternativas para as comunidades cuja subsistência depende da floresta. É neste contexto que o projeto PES é definido neste estudo.

II. QUADRO INSTITUCIONAL E JURÍDICO

II.1. QUADRO INSTITUCIONAL DO REDD+ NOS CAMARÕES

As instituições encarregadas da implementação de REDD+ nos Camarões são apresentadas na Figura 1:

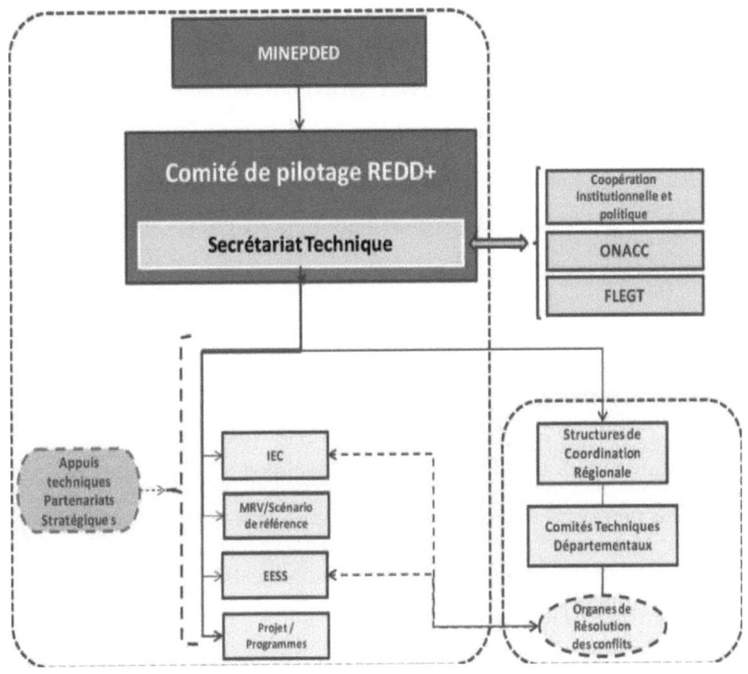

Figura 2: Gráfico institucional do processo REDD+ nos Camarões

Fonte: MINEPDED, 2013.

1. O Ministério do Ambiente, Protecção da Natureza e Desenvolvimento Sustentável (MINEPDED)

Ela fornece liderança como ponto focal político e operacional da Convenção-Quadro das Nações Unidas sobre Mudanças Climáticas (UNFCCC) em colaboração com o Ministério das Florestas e Vida Selvagem (MINFOF). A fim de integrar eficazmente o processo na estratégia de desenvolvimento do país e

15

no plano de emergência 2035, está prevista uma sinergia de intervenção entre o MINEPDED, o Gabinete do Primeiro-Ministro, a Assembleia Nacional e outros ministérios sectoriais. Da mesma forma, a MINEPDED trabalha em estreita colaboração com um Comité Directivo e um Secretariado Técnico. No entanto, existem dificuldades na definição das respectivas prerrogativas no funcionamento destes dois ministérios sectoriais. Essas dificuldades já foram observadas quando o antigo Ministério do Meio Ambiente e Florestas foi dividido em dois ministérios em 2004: o MINFOF, por um lado, e o Ministério do Meio Ambiente, Proteção da Natureza e Desenvolvimento Sustentável (MINEPDED), por outro, que emergiu das entrevistas como um obstáculo que exigia esclarecimentos mais precisos no âmbito de REDD+.

2. O Comitê Diretor de REDD+

É o órgão decisório para REDD+ no nível nacional. É uma comissão multisetorial composta por 21 membros da Administração, Sociedade Civil, Povos Indígenas, Setor Privado e autoridades locais eleitas. De acordo com esta ordem, o comitê diretor de REDD+ é responsável por

- Formular propostas de políticas e estratégias para a iniciativa REDD+;

- Oferecer aconselhamento fundamentado sobre estratégias de implementação de REDD+;

- Desenvolver critérios de seleção de projetos a serem submetidos ao Ministro responsável pelo meio ambiente para validação;

- Avaliar e submeter ideias de projectos propostos pelos promotores ao Ministro responsável pelo ambiente para aprovação;

- Promoção das atividades de REDD+ ;

- Validar o trabalho e aprovar o plano de acção da Secretaria Técnica.

3. A Secretaria Técnica de REDD+

É o órgão operacional do Comitê Diretivo e serve como Coordenação Nacional de REDD+ (MINEPDED, 2013). Ela é responsável pela implementação do processo REDD+ através de suas filiais regionais e departamentais. É composto pelo Ponto Focal da UNFCCC, o Coordenador Nacional e um representante do MINFOF. Está actualmente sob a coordenação do Director de Acompanhamento da Conservação e Protecção dos Recursos Naturais do MINEPDED. A Secretaria Técnica é composta por quatro células encarregadas de desenvolver as ferramentas técnicas necessárias para a implementação de REDD+. Estes são :

• A Unidade de Informação, Educação e Comunicação (IEC), responsável pelos aspectos de comunicação e também pelo apoio à Secretaria Técnica na preparação de documentos no âmbito das relações estratégicas interministeriais e institucionais;

• A unidade de Avaliação Ambiental e Social Estratégica (SESA) encarregada de implementar a ferramenta SESA e construir o ESMF (Estrutura de Gestão Ambiental e Social) para REDD+;

• O cenário de referência e a unidade MRV, que funciona em colaboração com o cenário de referência nacional, o sistema MRV e a gestão do registo, que será a ferramenta para a gestão dos stocks de carbono;

• A unidade encarregada de apoiar o estabelecimento de projetos e programas de REDD+ encarregada da supervisão para sua implementação e de melhorar os resultados dos referidos projetos/programas a fim de alimentar as reflexões para a construção da estratégia.

4. O Observatório Nacional de Mudanças Climáticas (ONACC)

A ONACC é colocada sob a supervisão técnica do Ministério do Ambiente. Sua missão é monitorar e avaliar os impactos socioeconômicos e ambientais das mudanças climáticas, a fim de propor medidas de prevenção, mitigação e/ou adaptação aos efeitos adversos e riscos associados a essas mudanças. É responsável, entre outras coisas, por iniciar e promover estudos sobre a identificação de indicadores, impactos e riscos relacionados com as alterações climáticas; recolher, analisar e disponibilizar aos decisores públicos e privados, bem como a várias organizações nacionais e internacionais, informações de referência sobre as alterações climáticas nos Camarões; servir como instrumento operacional no âmbito de outras actividades de redução de gases com efeito de estufa; propor ao governo medidas preventivas para reduzir as emissões de gases de efeito estufa, bem como medidas de mitigação e/ou adaptação aos efeitos nocivos e riscos ligados às alterações climáticas; facilitar a obtenção de compensações devidas aos serviços prestados ao clima pelas florestas através da gestão, conservação e restauração dos ecossistemas.

5. A unidade FLEGT dentro da MINFOF

A unidade FLEGT dentro do MINFOF é responsável por assegurar a coerência e desenvolver sinergias entre as atividades de REDD+ e o processo FLEGT e atividades relacionadas. FLEGT é uma das bases da governança florestal sobre a qual REDD+ se baseará.

6. Parcerias estratégicas

Várias parcerias técnicas devem ser mobilizadas de acordo com as necessidades da implementação de REDD+. Estes incluem

•   Parceiros técnicos do MINEPDED e do MINFOF, mas também de outros ministérios sectoriais envolvidos no processo;

•   ONGs;

•   Do sector privado ;

•   Instituições de pesquisa e ensino superior.

•   Existem outras estruturas de consulta sobre REDD+; este é o caso do Comitê Interministerial em nível nacional e do Círculo de Consulta de Parceiros MINFOF/MINEPDED (CCPM), que tem um subgrupo de REDD+ em nível de doadores e ONGs, e da Plataforma da Sociedade Civil para REDD e Mudança Climática (REDD & CC).

7. A plataforma nacional de REDD e mudança climática :

Criada em 23 de Julho de 2011. Esta plataforma é composta por cerca de 20 redes de organizações nacionais da sociedade civil e movimentos sociais, redes nacionais e locais que trabalham no sector florestal/ambiental e social. Visa promover a interface entre as organizações da sociedade civil e outros parceiros envolvidos no processo de REDD+ e mudança climática nos Camarões. Também assegura a participação efetiva e eficiente da sociedade civil como um todo em todas as discussões relacionadas a REDD e mudanças climáticas em geral nos níveis local, regional, nacional e internacional (R-PP, 2013).

II.2. QUADRO NORMATIVO

II.2.1.A NÍVEL INTERNACIONAL

Existe uma multiplicidade de textos que proporcionam um quadro de respeito pelos direitos dos povos indígenas e das comunidades locais na gestão do meio ambiente e dos recursos naturais. Estes incluem

1) **A Declaração das Nações Unidas sobre os Direitos dos Povos Indígenas**: Esta declaração indica o respeito pelos direitos e liberdades dos povos. Nos artigos 9 e 33 desta declaração, os povos indígenas e indivíduos têm o direito de pertencer a uma comunidade ou nação indígena, de acordo com as tradições e costumes dessa comunidade ou nação, e têm o direito de determinar sua própria identidade.

2) **Carta Africana dos Direitos Humanos e dos Povos**: esta Carta foi adoptada em 27 de Junho de 1981 em Nairobi (Quénia) durante a 18ª Conferência da Organização da Unidade Africana Estados membros da Organização da Unidade Africana, partes da presente Carta, reconhecem os direitos, deveres e liberdades estabelecidos na presente Carta e comprometem-se a adoptar medidas legislativas ou outras medidas para a sua implementação. As disposições tomadas em relação aos povos são: direitos reconhecidos a todas as pessoas "sem distinção alguma, nomeadamente de raça, etnia, cor, sexo, língua, religião, opinião política ou outra, origem nacional ou social, propriedade,

nascimento ou outro estatuto" (artigo 2º). Os primeiros 18 artigos definem direitos individuais, direitos civis e direitos sociais.

3) Convenção nº 169 da Organização Internacional do Trabalho sobre os Direitos dos Povos Indígenas e Tribais em Países Independentes de 27/06/1989: Esta convenção aplica-se aos povos tribais e aos povos de países independentes que são considerados indígenas. Especifica as disposições relativas aos povos, incluindo: os direitos de consulta e participação, o direito de acesso à justiça, os direitos sociais e culturais, o direito à educação bilingue e a cooperação transfronteiriça.

4) O Pacto Internacional sobre Direitos Civis e Políticos de 16/12/1966: este pacto que os Camarões ainda não ratificaram. Os Estados Parte no presente Pacto reconhecem a dignidade inerente e os direitos iguais e inalienáveis de todos os membros da família humana como o fundamento da liberdade, da justiça e da paz. Define os arranjos legais dos povos. O artigo 1º reconhece o direito à autodeterminação e o artigo 27º reconhece o direito das minorias nacionais, étnicas e linguísticas.

5) A Convenção sobre a Eliminação de Todas as Formas de Discriminação Racial de 21/12/1965: Nesta Convenção, o termo "discriminação racial" significa qualquer distinção, exclusão, restrição ou preferência baseada na raça, cor, descendência ou origem nacional ou étnica que tenha o propósito ou efeito de anular ou prejudicar o reconhecimento, gozo ou exercício, em pé de igualdade, dos direitos humanos e das liberdades fundamentais no campo político, económico, social, cultural ou em qualquer outro campo da vida pública. Indica que o Comité para a Eliminação da Discriminação Racial tem estado particularmente vigilante sobre a situação dos povos indígenas. Os artigos 2º, 5º, 6º e 7º da Convenção podem ser-lhes aplicáveis de uma forma ou de outra.

6) A Convenção sobre Diversidade Biológica: Os objectivos desta Convenção são a conservação da diversidade biológica, a utilização sustentável dos seus componentes e a partilha justa e equitativa dos benefícios decorrentes da utilização dos recursos genéticos. No seu preâmbulo, as Partes reconhecem que muitas comunidades locais e povos indígenas têm uma dependência próxima e tradicional dos recursos biológicos em que se baseiam as suas tradições, e que é desejável assegurar a partilha equitativa dos benefícios decorrentes do uso dos conhecimentos tradicionais, inovações e práticas relevantes para a conservação da diversidade biológica e o uso sustentável dos seus componentes

7) **A Convenção Africana sobre a Conservação da Natureza e dos Recursos Naturais**: Os Estados Contratantes decidiram celebrar uma Convenção Africana sobre a Conservação da Natureza e dos Recursos Naturais. Adoptada pela OUA em Argel, em Julho de 1968, esta convenção entrou em vigor em 16 de Junho de 1969. Esta convenção é muito importante porque na África os povos indígenas são muitas vezes os habitantes tradicionais de terras e territórios que, devido à sua riqueza de recursos naturais, se tornam importantes áreas de reserva para a conservação ambiental e exploração de recursos.

8) **Diretrizes sub-regionais para a participação das populações locais e indígenas e das ONGs na gestão sustentável das florestas da COMIFAC.** O objetivo desta estratégia é assegurar a conservação dos ecossistemas florestais e a redução da pobreza na África Central através do envolvimento dos povos locais e indígenas e das ONGs no manejo florestal, através do reconhecimento e consolidação do poder e dos direitos dos povos locais e indígenas e das ONGs no manejo florestal, Acesso justo e equitativo das populações locais e indígenas aos benefícios da gestão dos recursos florestais e da vida selvagem, reforço das capacidades organizacionais e dos meios de acção das populações locais e indígenas e das ONGs, criação e funcionamento de estruturas e mecanismos de consulta, diálogo e participação das populações locais e indígenas e das ONGs na tomada de decisões sobre a gestão florestal.

9) **Padrões sociais de REDD+:** No nível internacional, existem vários padrões para assegurar que os projetos e programas nacionais de REDD+ tenham uma contribuição positiva ao desenvolvimento social e que não haja impactos

negativos sobre o meio ambiente. Vários padrões para a certificação de projetos de REDD+ existem e têm condicionalidades relativas ao envolvimento das comunidades locais. Estes incluem: Climate, Community, and Biodiversity (CCB), Verify Carbon Standard (VCS) e Plan Vivo.

II.2.2. A NÍVEL NACIONAL

A preparação e implementação de REDD+ capitaliza os numerosos textos e leis desenvolvidos para regulamentar a participação dos povos indígenas e comunidades locais na gestão dos recursos naturais. Estes incluem:

1) **A Constituição de 1996:** Em seu preâmbulo, a Constituição dos Camarões de 1996 estabelece que o Estado deve assegurar a proteção das minorias e preservar os direitos dos Povos Indígenas.

2) **A lei florestal de 20 de Janeiro de 1994**: esta lei estabelece o regime de florestas, vida selvagem e pescas para alcançar os objectivos gerais da política florestal, vida selvagem e pescas, no quadro de uma gestão integrada que assegure a conservação e utilização destes recursos e dos diferentes ecossistemas de forma sustentada e sustentável. A lei florestal garante às comunidades o direito de participar na gestão dos recursos florestais através de vários mecanismos, incluindo: direitos dos usuários, silvicultura comunitária e a taxa florestal anual (RFA).

3) **A lei-quadro do ambiente de 1996**: Esta lei estabelece o quadro jurídico geral para a gestão ambiental nos Camarões. No seu artigo 17º, especifica que a realização de qualquer avaliação de impacto ambiental (AIA) prevê a consulta das partes interessadas nos projectos. No Capítulo III dedicado aos Princípios Fundamentais, o artigo 9º identifica "o princípio de participação segundo o qual: todo cidadão deve ter acesso às informações relativas ao meio ambiente".

4) **A lei de orientação para o planeamento e o desenvolvimento sustentável do território dos Camarões:** esta lei rege o planeamento e o desenvolvimento sustentável de todo o território dos Camarões. Como tal, estabelece as regras

gerais de uso da terra, define as previsões, regras e actos de desenvolvimento, organiza as operações de desenvolvimento da terra e as relações entre os diferentes actores. O artigo 6º do Capítulo II descreve a "participação das autoridades territoriais descentralizadas, dos organismos públicos, dos actores socioeconómicos e dos cidadãos na tomada de decisões sobre o ordenamento do território, bem como na implementação e avaliação dessas decisões".

5) Ordem 103/CAB/PM de 13 de junho de 2012 sobre a criação, organização e funcionamento do Comitê Diretor de REDD+: O Comitê Diretor de REDD+ é o órgão decisório para REDD+ nos Camarões. Tem 17 membros, dos quais 10 são dos ministérios sectoriais, 01 do Gabinete do Primeiro-Ministro, 01 da Presidência da República e 01 da Assembleia Nacional. Apenas um lugar é reservado para a Sociedade Civil e outro para os Povos Indígenas. Os dois últimos lugares estão reservados às comunas e à União Industrial Camaronesa.

III. METODOLOGIA

III.1. Descrição da área de estudo

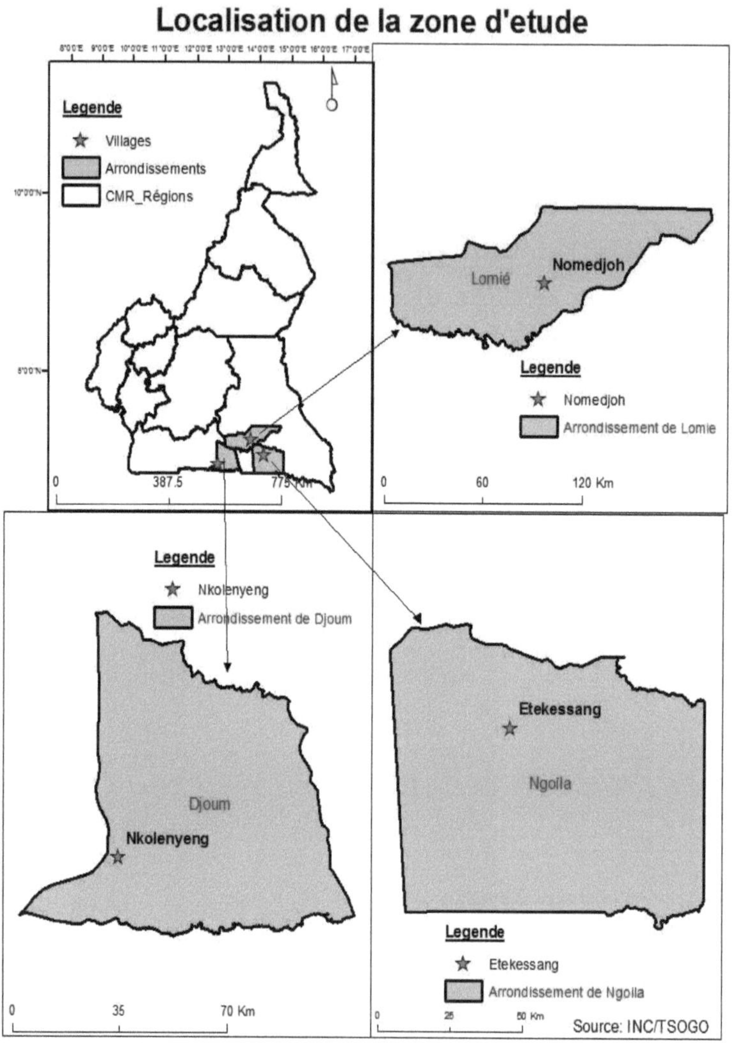

Figura 2: Localização das áreas de estudo

III.1.1. Descrição de Etékéssang (Ngoyla)

Etékéssang é uma vila no distrito de Ngoyla. Tem um ambiente físico e humano muito diverso. Os elementos aqui descritos são baseados no plano de desenvolvimento comunitário de Ngoyla (CDP) e no plano de manejo simples 2010 para a floresta comunitária de Etékéssang.

III.1.1.1. Ambiente físico

-   **Clima:** A aldeia de Etékéssang é influenciada por um clima equatorial guineense com quatro estações de duração desigual:

• Uma longa estação seca de meados de Novembro a meados de Março;

• Uma curta estação chuvosa de meados de Março a meados de Junho;

• Uma curta estação seca de meados de Junho a meados de Agosto;

• Uma grande estação chuvosa de meados de Agosto a meados de Novembro.

A precipitação média anual é de 1577 mm. A temperatura média anual é de 25°C com um intervalo médio anual de 2,5°C (PCD de Ngoyla). Este clima favorece a realização de duas campanhas agrícolas por ano (de meados de Março a meados de Junho e de meados de Agosto a meados de Novembro (PCD de Ngoyla).

-   **Solos:** Dois tipos principais de solos são encontrados nesta localidade, nomeadamente solos ferraliticos e solos hidro-mórficos (PCD de Ngoyla). Em geral, os solos ferraliticos caracterizam-se por uma textura arenosa e argilo-arenosa. São pobres em nutrientes, ácidos, frágeis e caracterizados por uma forte coloração vermelha ou vermelha clara. Sob a cobertura florestal, estes solos são por vezes argilosos, porosos, muito permeáveis e ricos em húmus. Eles são conhecidos por serem muito férteis sob coberto florestal. No entanto, esta fertilidade é bastante precária, como resultado da agricultura de corte e queima. Estes solos são principalmente adequados para culturas perenes (cacau, fruta, palma) e para culturas alimentares. Os solos hidromórficos são encontrados principalmente em áreas pantanosas e nas margens dos rios. A exploração destes solos é difícil em tempo de chuva por causa do seu encharcamento. Na estação seca, por outro lado, o uso destes solos é menos restritivo com a queda no lençol freático. A prática de culturas fora da estação é então possível.

- **Relevo:** a aldeia tem um relevo relativamente plano e variado (planícies, montes e vales) com declives entre 0 e 5%, o que significa que não é muito susceptível à erosão. A altitude média é de 625 m.

- **Hidrografia:** a aldeia é regada pelo Dja e pelo Mié, rios que estão cheios de peixes e que têm um caudal permanente. Ao longo destes rios, existem pequenos rios com caudal permanente ou sazonal.

- **Vegetação e flora:** A vegetação de Etékéssang é caracterizada por densas florestas úmidas e pantanosas com ráfia. Estas formações vegetais são ricas em espécies comercializáveis e produtos florestais não madeireiros (PFNM). As principais espécies arbóreas ou arbustivas são Pennisetum purpureum, Hyparhenya rufa, Chromolaena odorata e muitas gramíneas. Os prados pantanosos são principalmente colonizados por Maranthaceae e Zynziberaceae. Além destas espécies vegetais, existe uma grande variedade de alimentos, vegetais e culturas perenes. As terras de pousio são colonizadas principalmente por parassolier, sapelli, framiré, moabi, doussié rouge, ayous, etc.

- **Vida selvagem:** A aldeia é o lar de uma vida selvagem muito diversificada e abundante. Algumas das espécies características são: Chimpanzé, gorila, duiker de faixa preta, rato gambiano, pangolim de cauda longa, esquilo de quatro listras, víbora, ganso selvagem, gavião. A fauna doméstica é muito pobre e não muito diversificada. É constituído por aves de capoeira (galinhas, patos), porcos, cabras e animais domésticos (cães, gatos).

III.1.1.2. Ambiente humano

- **População:** Segundo um censo realizado em junho de 2013 pela WWF, Etékéssang compreende 398 almas. Os Djem são a maioria com 72,73% da população. As comunidades Baka são as segundas maiores, representando

27,23% da população (PSG, 2010).

- **Religião:** Católicos, Protestantes, Testemunhas de Jeová. O povo Baka é politeísta. Eles acreditam tanto num Deus supremo como em várias divindades (PSG, 2010).

- **Actividades económicas: A** agricultura continua a ser a actividade predominante em termos de meios de subsistência e fontes de rendimento das pessoas, e também em termos de ocupação. O cacau é a única cultura comercial cultivada e é a principal fonte de renda para as comunidades. Além do cacau, culturas como o milho, macabo, batata, inhame, pepino, amendoim e alguns vegetais são cultivados nos campos de culturas mistas, e muito mais para auto-consumo. Além da agricultura, pesca, caça, criação de gado e recolha de RLFNs são praticadas. O comércio em pequena escala (álcool, donuts, carne de animais selvagens, etc.) também proporciona renda às comunidades.

III.1.2. Descrição da Nkolényeng

Nkolényeng é uma vila no distrito de Djoum com um ambiente físico e humano diversificado. Os elementos descritos abaixo são baseados no plano de desenvolvimento comunitário de Djoum e no plano de manejo simples de 2007 para a floresta comunitária de Nkolényeng.

III.1.2.1. Ambiente físico

- **Clima:** O clima do Nkolényeng pertence ao domínio equatorial do tipo guineense. É um clima de quatro estações do planalto do sul dos Camarões. A sua temperatura média é de 25°C com um intervalo de 2 a 3°C. A humidade relativa média anual é de 81% e a precipitação varia entre 1500 e 3000 mm/ano. Chove durante todo o ano com dois máximos, um em Outubro (longa estação chuvosa) e o outro em Março-Abril (curta estação chuvosa). Os máximos de seca são em Dezembro-Janeiro (longa estação seca) e Julho-Agosto (curta estação seca).

- **Solos: A** aldeia de Nkolényeng caracteriza-se por solos maioritariamente ferraliticos, lateríticos e argilo-arenosos, e por vezes solos hidromórficos nas zonas pantanosas. Estes solos são favoráveis para a agricultura e o desenvolvimento da vegetação. Aqui, as mudanças climáticas são sentidas (chuvas fortes, lixiviação do solo, seca prolongada) que degradam o solo.

- **Alívio:** O alívio da Nkolényeng é bastante diversificado. A sua topografia é composta por planícies, vales e colinas. É geralmente um planalto plano, ligeiramente ondulado, com uma altitude média entre 520m e 680m. As poucas colinas observadas têm uma altitude inferior a 1.000 m.

- **Hidrografia:** Vários rios alimentam a aldeia, estão cheios de peixes e as populações utilizam-nos para lavar, cultivar e beber. Podemos mencionar: Ayina, Mpame, Como, etc.

- **Flora:** Nkolényeng é uma aldeia predominantemente arborizada, o que significa que tem um elevado potencial floral. Existe floresta virgem, secundária e terciária composta de produtos florestais lenhosos, e produtos florestais não lenhosos. Há também plantações de cacau, palmeiras, campos para produtos alimentares e pousios. Os PFNNs são muito transaccionados nesta área. As principais espécies de NTFP listadas são: moabi, padouk, movingui, tali, sapelli, sipo, iroko, etc. Os produtos florestais não madeireiros são: njangsang, okok, cola.

- **Vida selvagem: Devido à** presença da floresta, a vida selvagem nas aldeias de Nkolényeng é muito diversificada, com animais de diferentes classes. Apesar das leis sobre a protecção de certas espécies e das proibições relacionadas, a caça furtiva continua a ser um problema grave em Djoum. A caça ilegal é a principal causa da perda de certas espécies protegidas e ameaçadas de extinção. A presença do posto florestal é notável, mas a sua acção é fraca e limitada devido à falta de pessoal e de material circulante. As espécies que podem ser encontradas ali são as seguintes: Macacos, duikers, pangolins gigantes, bushpigs, tartarugas, víboras, etc.

III.1.2.2. Ambiente humano

- **População:** O último censo da população de Nkolényeng contou 555 (PSG,

2007). Existem dois grupos étnicos, os Fang (92%) e os Baka (8%). A aldeia tem uma escola primária. A aldeia tem uma escola primária e a água potável é fornecida por nascentes. Em termos de saúde na área, existe um centro comunitário integrado de saúde que presta primeiros socorros à população. Os grupos étnicos que compõem a aldeia Nkolényeng são os Fangs e os Baka. Estes grupos étnicos estão divididos em três áreas cantonais, incluindo ECOZE e Mannelam para os Fangs, e Oding para os Baka. A par destes grupos étnicos dominantes, há também os Bamilekes, os que falam inglês e os Hausa.

- **Religiões:** Católicos, Protestantes, Testemunhas de Jeová. As populações Baka são politeístas. Eles acreditam tanto num Deus supremo como em várias divindades.

- **Principais actividades económicas:** A maioria das actividades económicas é representada pela agricultura e silvicultura, comércio e caça. Outras actividades são praticadas em pequena escala, tais como a criação de animais, a pesca e o artesanato.

III.1.3. Descrição de Nomédjoh

Nomédjoh é uma localidade do distrito de Lomié. Tem um ambiente físico e humano diversificado. Os dados aqui descritos provêm do plano de desenvolvimento comunitário de Lomié e do plano de manejo simples de 2007 para a floresta comunitária Nomédjoh.

III.1.3.1. Ambiente físico

- **Clima:** A aldeia de Nkolényeng está sujeita ao clássico clima equatorial guineense com duas estações chuvosas intercaladas por duas estações secas. Durante o ano, as estações se sucedem como a seguir:

• A curta estação chuvosa de meados de Março a Junho;

• A curta estação seca de Junho a meados de Agosto;

• A principal estação chuvosa de meados de Agosto a meados de Novembro;

• A grande estação seca de meados de Novembro a meados de Março.

A temperatura média na aldeia é de cerca de 24°C. As temperaturas mensais mais baixas são registradas em julho (22,5°C) e as mais altas em abril (32,6°C). A precipitação média anual situa-se geralmente entre 1.500 e 2.000 mm (precipitação média mensal na LOMIÉ nos últimos 25 anos: 1.750 mm). A precipitação máxima é registada em Abril-Maio e Setembro-Outubro.

- **Relevo e solo: O** relevo da aldeia de Nomédjoh está coberto de planícies e montanhas. O território é dominado pela presença de colinas com declives mais ou menos suaves. De acordo com o estudo socioeconômico realizado como parte do manejo florestal comunitário, os solos identificados nesta aldeia são ferraliticos e altamente desnaturados, de cor marrom-amarelada. Estes são solos ácidos caracterizados por um baixo teor de nutrientes. Existem também solos hidromórficos localizados nas terras baixas, bem como solos arenosos ou argilo-arenosos muito pobres, que requerem investimentos significativos para se desenvolverem. No entanto, em alguns lugares, pode-se observar solos profundos, lateríticos, pedregosos, argilosos, ricos em matéria orgânica. Esta riqueza é favorável ao desenvolvimento de uma diversidade de culturas alimentares e comerciais.

- **Hidrografia:** Nomédjoh possui uma densa rede de vias navegáveis, sendo as principais Edjié e Bom, tributários da Dja; Beck e Mpoul, tributários da Boumba. A presença destes cursos de água apresenta um potencial que pode ser capitalizado no contexto da prossecução e desenvolvimento das actividades turísticas e pesqueiras.

- **Flora e Fauna: a** vegetação Nomédjoh caracteriza-se por uma formação vegetal. É a floresta densa. A fauna é muito rica e caracteriza-se pela presença de ungulados (búfalos, elefantes, gazelas, etc.), roedores como porcos espinhosos, ratos de palma, aulácodes, etc.). No entanto, existem outras espécies como civetas, lagartos-monitores, crocodilos, pitões, etc. A flora é composta por uma variedade de espécies. As principais espécies lenhosas incluem: iroko, fraké, sapelli, ebony, ayous, moabi, kosipo, sipo, framiré e movingui. Há também espécies não carnudas, como a manga selvagem, a avelã, cola e djangsang.

III.1.3.2. Ambiente humano

- **População:** Nomédjoh é dominada pelos Baka. O recente censo da população de Nomédjoh contou 896 habitantes com 51% de homens e mulheres e jovens com mais de 20 anos de idade, representando 59% da população (PSG. 2007). A organização social da comunidade é composta por clãs com um chefe de família. A aldeia tem uma escola primária e um centro de saúde comunitário integrado. A aldeia tem nascentes para o abastecimento de água.

- **Religião:** Várias religiões, na sua maioria cristãs, são praticadas na aldeia. Estas incluem as igrejas católica, protestante e outras novas igrejas. Os Baka de Nomédjoh acreditam no Deus dos seus antepassados: os Djengui.

- **Actividades económicas: A** principal actividade desta população é a agricultura de corte e queima. No entanto, são também praticadas outras actividades, como o comércio em pequena escala, a caça, a pesca, a pecuária e a exploração dos recursos naturais (recolha e transformação de produtos agrícolas e artesanato). Outras fontes de renda são a caça, coleta e venda de NTFPs (Ndo'o, Mbalaka), vinho de palma. Para além destas actividades, é de salientar que os habitantes de Nomédjoh são utilizados como mão-de-obra pelo Bantus para vários trabalhos.

III.2 ABORDAGEM METODOLÓGICA

Para a realização deste estudo, analisamos vários documentos oficiais e científicos produzidos em relação ao tema. Além disso, entrevistamos 90 famílias (30 pessoas por aldeia) em Nomédjoh, Nkolényeng e Etékéssang (Ngoyla), respectivamente, para lhes permitir explicar o seu envolvimento na implementação dos projectos do PSA. Também entrevistamos as pessoas capacitadas indicadas nas comunidades durante a duração do projeto de PSA nas diferentes localidades para um total de 09 pessoas capacitadas, ou seja, 03 pessoas capacitadas por aldeia.

IV. RESULTADOS DO ESTUDO

Nesta seção, tentamos fazer uma breve apresentação dos projetos de PSA visados, para apresentar o nível de envolvimento comunitário na sua implementação e, finalmente, as lições que podem ser tiradas destes projetos para enriquecer a implementação de projetos de REDD+ nos Camarões.

IV.1. Apresentação de projetos de PSA

Tabela 1: Descrição dos diferentes projetos de PSA

Projetos	Promotor	Objetivo geral	Objectivos específicos	Atividades	Metas
Projecto Nomédjoh PSE no distrito de Lomié e Nkolényeng no distrito de Djoum	Centro de Meio Ambiente e Desenvolvimento (DEC)	Promover a gestão sustentável do recurso florestal na Floresta Comunitária de Nkolényeng e a floresta comunitária Nomédjoh.	Conservar os estoques de carbono e a biodiversidade através da proteção da cobertura florestal, e assim melhorar o fornecimento de bens e serviços ambientais; Estabelecer um sistema funcional e eficaz de monitorização da cobertura florestal; Aproveitar as lições aprendidas nesta iniciativa para o desenvolviment	Agricultura sustentável conservação da cobertura florestal Vegetação natural assistida Atividades geradoras de renda	Comunidades locais (Bantu) e comunidades indígenas (Baka)

Projecto PES Ngoyla	WWF Camarões	Promover a gestão sustentável dos recursos florestais nas florestas comunitárias.	Conservar os estoques de carbono e a biodiversidade através da proteção da cobertura florestal, e consequentemente consolidar a prestação de serviços e bens ambientais (, atenuação das chuvas, controle da erosão, manutenção do microclima florestal Melhorar o sumidouro de carbono florestal através de atividades agroflorestais e de regeneração natural assistida; - Melhorar a governança (ONGs locais e	Agricultura sustentável Conservação da cobertura florestal Atividades de Regeneração Natural Assistida - Atividades de Geração de Rendimento	Baka e os Bantu
			o da estratégia nacional de REDD+; Melhorar a governação local		

			entidades comunidades através do estabelecimento de actividades geradoras de rendimentos, e fornecer o apoio técnico necessário e os meios financeiros adequados para o sucesso destas actividades. Estabelecer um sistema funcional e eficiente de monitoramento da cobertura florestal.		

IV.1 ENVOLVIMENTO DAS COMUNIDADES LOCAIS E INDÍGENAS NO PROJETO PSEUDÔNIMO

No projecto PES, o envolvimento das comunidades locais e indígenas limitou-se a um olhar sobre os métodos de sensibilização utilizados pelos promotores do projecto, os dias em que foram realizadas reuniões de sensibilização e informação, e as fases do projecto em que as comunidades estiveram envolvidas.

1) Estratégia de sensibilização utilizada

Nos projectos de PSA visados, o método de informação e sensibilização utilizado nas comunidades foi o porta-a-porta e o agrupamento nas cabanas da comunidade. No nosso inquérito, 52% dos lares disseram ter sido sensibilizados tanto pela reunião porta-a-porta como pela reunião da cabana comunitária, em comparação com 10% que disseram ter sido sensibilizados apenas pela reunião porta-a-porta e 38% que disseram ter sido informados durante uma reunião da cabana comunitária. Como mostrado na Figura 1.

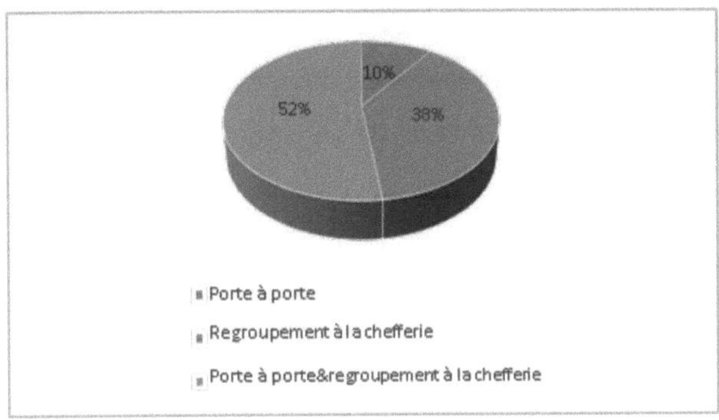

Figura 3: Estratégia de extensão utilizada

2) Dias de reuniões de sensibilização para os projectos PES

O estudo revelou que a maioria das reuniões do projecto não teve um dia fixo - as equipas do projecto chegaram às diferentes aldeias e realizaram as reuniões em qualquer altura. Nos dias das reuniões não foram realizadas outras actividades, tais como os campos. Das famílias pesquisadas, 90% disseram que as reuniões do projeto não tinham dias fixos, enquanto 10% das famílias disseram que as reuniões do projeto eram realizadas nos fins de semana, como mostrado na Figura 2 abaixo.

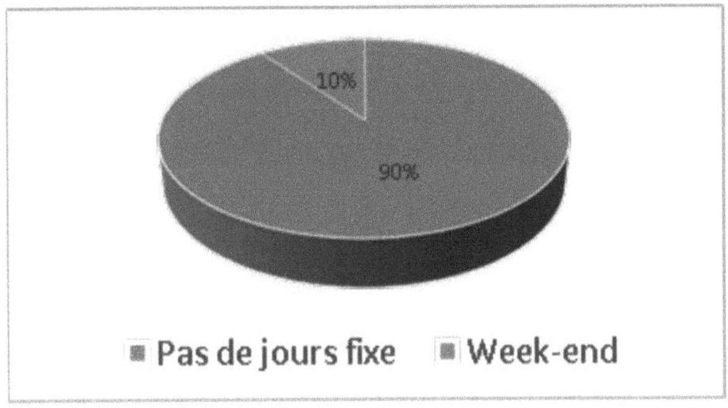

Figura 4: Dias de reunião do projeto

3) Fases do projeto nas quais as comunidades participaram

O inquérito revelou que 21% dos inquiridos estavam envolvidos na fase de sensibilização, 18% disseram estar envolvidos na fase de implementação, 2% disseram estar envolvidos na fase de monitorização, 28% disseram estar envolvidos nas fases de sensibilização e implementação, 7% disseram estar envolvidos nas fases de sensibilização e implementação e 17% disseram estar envolvidos nas fases de sensibilização, implementação e monitorização. Segundo um bantu de Etékéssang: 'Só participámos nas reuniões e inventários do projecto, não fomos informados sobre o fim do projecto, só reparámos desde que a WWF já não nos vem falar sobre o projecto PES'.

4) Escolha de atividades alternativas ao desmatamento

De acordo com as respostas dadas aos questionários pelas comunidades locais e indígenas entrevistadas em Nomédjoh, Nkolényeng e Etékéssang (Ngoyla), a escolha das atividades para enfrentar o desmatamento e melhorar as condições de vida das comunidades foi feita pela comunidade de forma participativa com os promotores do projeto. Na medida em que um habitante afirma que: "o promotor do projeto se reuniria e nós identificaríamos nossos problemas, de comum acordo, encontraríamos soluções para nossos problemas e implementaríamos os problemas prioritários". As atividades alternativas implementadas no âmbito dos projetos de PSA são apresentadas na Tabela 2 abaixo.

Quadro 2: Actividades alternativas levadas a cabo pelas comunidades

Localidades	Actividades propostas
Nkolényeng	Agricultura sustentável
	Apicultura
	Agroflorestação
Nomédjoh	Agricultura
	Reprodução
	Apicultura
	Agroflorestação
Etékéssang (Ngoyla)	Agricultura
	Agroflorestação

IV.3. ALGUMAS LIÇÕES A TIRAR DESTES PROJECTOS DE PSEUDÓNIMOS PARA ENRIQUECER A IMPLEMENTAÇÃO DE PROJECTOS REDD+ NOS CAMARÕES

O estudo nos permite extrair várias lições que podem ser capitalizadas na implementação futura de projetos de REDD+ nos Camarões. Estes incluem:

Capacitação e estruturação da comunidade

O projecto PES nas diferentes localidades tinha colocado ênfase na capacitação e estruturação de cada localidade de projecto. No que respeita à estruturação das localidades, foram formados vários grupos de aldeia para promover o diálogo e o trabalho em equipa. Foram formados os seguintes grupos da aldeia: o grupo dos plátanos, o grupo da mandioca, o grupo do moabie, o grupo do matango e o grupo dos pastores. Além disso, as pessoas jurídicas foram colocadas à frente de cada floresta comunitária. Estes são : BUMABO KPODE para a aldeia Nomédjoh, Associação Femmes, Hommes et Amis de Nkolényeng (AFHAN) para a aldeia Nkolényeng, e Comité de Développement du Village Etékéssang (CODEVIE) para a aldeia Etékéssang no distrito de Ngoyla Do ponto de vista da capacitação, as comunidades locais e indígenas das aldeias visadas tinham recebido várias formações técnicas. Estas incluíram treinamento em GPS, bússola, reconhecimento de espécies, assim como em relatórios escritos de reuniões. Como disseram as comunidades locais e indígenas: 'o projeto PES nos permitiu participar de seminários com outras localidades e também com parceiros em Yaoundé, coletar dados sobre inventários florestais e de vida selvagem, e fazer um censo de todas as pessoas que vivem na aldeia'.

Segurança da posse da terra comunitária e certificação de carbono

No âmbito dos projetos de PSA específicos, os promotores de projetos usaram a silvicultura comunitária como uma ferramenta para garantir as terras tradicionais das comunidades locais e indígenas. Através do mapeamento participativo, estas florestas comunitárias foram compartimentadas em várias zonas: a zona de conservação, o pântano, a zona cultivável e a zona sagrada. No que diz respeito à certificação de carbono, os três projectos PES visados foram todos certificados como subsistemas voluntários.

Partilha de benefícios

Os benefícios do projeto foram compartilhados com os grupos de interesse da aldeia que haviam sido formados no âmbito do projeto. Apesar disso, nem todos os estratos sociais foram beneficiados com o projeto. Segundo uma mulher bantu de Etékéssang: "durante a partilha dos benefícios do projecto PSE, os homens não nos deram nada, dizem que nós, as raparigas da aldeia, não temos direito a nada e que é suposto casarmos".

CONCLUSÃO E RECOMENDAÇÕES

Esta nota é uma síntese do estudo realizado entre julho de 2017 e julho de 2018, como parte da tese de mestrado II. Este estudo revela como as comunidades locais e indígenas têm se envolvido na implementação de projetos de PSA e as lições a serem aprendidas para uma melhor implementação de projetos de REDD+ nos Camarões. No entanto, várias limitações ainda devem ser observadas para um envolvimento efetivo dos povos indígenas e comunidades locais em projetos de REDD+. Para este fim, recomendamos que os promotores:

- Utilização do FPIC na implementação do projecto ;

- Envolver as comunidades em todas as fases do projeto;

- Assegurar uma transferência de competências para as comunidades, para que, quando o projecto terminar, elas próprias possam monitorizar o projecto

- Levar em conta o conhecimento tradicional da comunidade em projetos de REDD+

- Propor, de forma participativa, atividades que permitam às comunidades criar riqueza para aumentar sua renda no longo prazo e reduzir o desmatamento e a degradação da floresta.

BIBLIOGRAFIA

Angelsen, A., Brockhaus, M., Sunderlin, W., D. e Verchot, L. 2013. Análise de REDD: questões e escolhas. CIFOR. 488 P.

Angelsen, A. 2010. Atingir REDD+: Opções e Estratégias de Políticas Nacionais. CIFOR. 384 P.

Mpoyi, A., Nyamwoga, F., Kabamba, M. e Assembe, S. 2013. O contexto de REDD+ na República Democrática do Congo Causas, agentes e instituições. CIFOR. 83 P.

Barume, A. 2005. Estudo sobre o Marco Legal para a Proteção dos Povos Indígenas, Tribais e Sagrados nos Camarões, OIT. 160 P.

Parker, A., Mitchell, A., Trivedi, M. e Mardas, N. 2008. O Pequeno Livro Vermelho de REDD. Programa Global Canopy (CGP), (c) Global Canopy Foundation. 61 P.

Etrilard, C. 2016. Análise institucional de PSA. Vol 7. Camboja. 17 P.

Alemagi, D., Minang, P., e Duguma, L. 2014. O processo de preparação para REDD+ nos Camarões: Uma análise da perspectiva de múltiplos atores. Política Climática. 26 P.

Dkamela, P. 2011. O contexto de REDD+ nos Camarões, Causas, agentes e instituições. CIFOR, Bogor, Indonésia. 86 P.

Kegne, F. 2003. Os habitantes das cidades e o desenvolvimento rural. Harmatã. P77.

Rede de Recursos Naturais (NRN) e Dinâmica dos Grupos de Povos Indígenas (DGIP). 2009. ABC REDD+: Entendendo REDD e seus desafios. RDC. 46 P. **Banco Africano de Desenvolvimento (BAFD). 2010.** Projeto integrado em torno da Reserva da Biosfera Luki, na Floresta Mayombe. RDC. 45 P.

Banco Africano de Desenvolvimento (BAfD). 2010. Mambasa Geographically Integrated REDD Pilot Project in the Democratic Republic of Congo, Relatório de Avaliação do Projeto. RDC. 44P.

Comissão Florestal da África Central (COMIFAC). 2015. Plano de Convergência 2015-2025. Para a conservação e gestão sustentável dos ecossistemas florestais da África Central, edição 2, série de políticas N°7. COMIFAC, Yaoundé-Cameroon. 42 P.

Comissão Florestal da África Central (COMIFAC). 2016. De Montreal a Paris: 10 anos de negociações históricas. Compêndio das decisões da CQNUMC sobre REDD+. COMIFAC, Yaoundé-Cameroon. 180p.

Belmond, T. 2015. Relatório da missão de avaliar as lições aprendidas dos projetos de REDD+ na Bacia do Congo, componente social e de governança. RDC. 22 P.

Centre for Environment and Development (CED), Réseau Recherches Actions Concertées Pygmées (RACOPY) e Forest Peoples Programme (FPP). 2010. A Situação dos **Povos Indígenas nos Camarões, Relatório suplementar apresentado após os 15°-19° relatórios periódicos dos Camarões (CERD/C/CMR/19). Camarões. 25 P.**

Convenção-Quadro das Nações Unidas sobre as Alterações Climáticas (UNFCCC). 2010. Decisão 1/CP.16, Os Acordos de Cancun: Resultado do trabalho do Grupo de Trabalho Ad Hoc sobre Ação Cooperativa de Longo Prazo no âmbito da Convenção. UNFCCC 34p.

Transparência Internacional Camarões. 2017. Construir direitos para os povos indígenas e comunidades locais em REDD+ nos Camarões.

União Internacional para a Conservação da Natureza (UICN). 2010. Povos Indígenas e REDD+. 8 P.

Awono, A., Elise, B. e Owona, H. 2010. Pagamentos Comunitários para Serviços de Ecossistema nas regiões sul e leste dos Camarões. CIFOR. 16 P.

Gueye, B. 2000. Surgimento do método ativo de pesquisa e planejamento - realizações, limitações e desafios. In coopérer aujourd'hui N°17, GRET. 57 P

Freudhenthal, E., Nnah, S. e Kenrick, J. 2011. REDD e direitos nos Camarões. Programa de Pessoas da Floresta (FPP). 35 P

Floquet e Mougbo. 2000. Les pratiques et les métamorphoses des marpistes: reflexions critique sur la production de la connaissance et de la mobilisation pour l'action durant le processus de diagnostic/ évaluation participatif. In les enquêtes participatives en débat, Paris, Karthala. 221 P.

Gaspard Rwanyiziri. 2007. População e áreas na África Oriental. No CERDI, Dakar 7 P. **Willis, J., Messe, V. e Olinga, N., 2016.** Direitos da comunidade de Baka no projeto REDD+ de Ngoyla-Mintom. 28 P.

Armathé, A., Lucas, Dominique, BATHA, A., MALA, W. e NGONO, H. Estimativa do estoque de carbono em duas unidades de terra na zona de savana dos Camarões. 18 P. **Movimento Mundial para as Florestas Tropicais (WTM). 2018.** O projeto Envira REDD+ no estado do Acre, Brasil.

Movimento Mundial para as Florestas Tropicais (MTF). 2011. O Projeto Piloto Internacional de Conservação de REDD+ na RDC.

TANG, Samuel. 2013. Respeito pelas salvaguardas sociais relativas aos direitos das populações locais e indígenas na preparação e implementação de REDD+ nos Camarões e na República Democrática do Congo. Ensaio de análise comparativa. 80P. **Fimpa, TUWIZANA. 2013.** Oportunidade de REDD+ para o manejo sustentável de florestas tropicais e obstáculos à sua implementação na RDC: Perspectivas legais.

Centro para o Meio Ambiente e Desenvolvimento (CED). 2010. Nota de Idéia de Projeto (PIN) Plano Vivo PSA comunitário. 22 P.

República dos Camarões. Esboço 1 da estratégia nacional de REDD+.

República dos Camarões. 2013. Guia para obter o consentimento da comunidade em REDD+. 48 P.

World Wide Fund for Nature (WWF). 2013. Projeto Ideia Nota (PIN) Plano Vivo Pagamentos por Serviços Ambientais em comunidades rurais do maciço florestal de Ngoyla-Mintom (PSE-NM). 23 P.

Printed by Books on Demand GmbH, Norderstedt / Germany